AF201187

Alberto González Rodríguez
ÁLBUM de la TOPONIMIA de CANTABRIA IV

Título: *Álbum de la Toponimia de Cantabria (IV)*
©Alberto González Rodríguez
 Ediciones Tantín

ISBN: 978-84-129104-9-0
Depósito legal: SA-171-2025

Ediciones Tantín
C/ Camilo Alonso Vega, 10. 39007 Santander
edicionestantin@edicionestantin.com
www.edicionestantin.com

Para Lucía

Índice

Introducción

Estimados lectores,

El libro que tienen ustedes entre las manos es una colección de fotos y textos acerca de la ciudad de Santander. No es una historia al uso, no está organizado cronológicamente, ni atiende a los diversos períodos con los que se suele construir la memoria histórica de una ciudad.

Las fotos aspiran a capturar la belleza de los lugares; los textos, también. A veces es un detalle histórico; otras, estético, literario, artístico…

El autor les invita a que se dejen llevar por cada uno de los rincones fotografiados y por los textos que los acompañan. No hace falta seguir necesariamente el orden propuesto en el índice. Siéntanse libres, naveguen por el libro y por la ciudad. El objetivo establecido es el deleite, tanto en el paseo como en la lectura.

ÁNGEL DE LA HOZ

No hay calle en Santander que lleve su nombre pero Solares, su pueblo natal, sí quiso homenajearlo en su callejero. Santander le ha dedicado una pequeña placa perteneciente a la serie *La Ruta Ilustres*, ovalada y azul, en la casa donde vivió, situada en los primeros portales de Puerto Chico, y donde, junto con su mujer, Marita, crió cuatro hijos. También lleva su nombre una sala del *Centro de Documentación de la Imagen de Santander* (CDIS), en la calle Magallanes, en el corazón de la ciudad.

Fotógrafo y pintor o, al revés, pintor y fotógrafo, Ángel de la Hoz Fernández-Baldor (1922-2019) participó activamente en los movimientos artísticos del Santander del siglo XX.

Barrio Castilla-Hermida

A la derecha de la imagen asoman los últimos edificios de las calles Marqués de la Hermida y de la calle Castilla. Vías urbanas populosas, repletas de comercios. Tras ellas, Peña Castillo, un roquedo donde se estableció una cantera. Su cima había albergado una posición fortificada, vigía atento en la entrada a la ciudad, un castillo del que no queda casi nada, sólo el nombre.

Paralela a la de Castilla y de igual talante comercial discurre la calle Marqués de la Hermida, esta vez de entrada a la ciudad, cuyo nombre tiene que ver con la actividad del puerto de Santander. Nacido en Santander en 1723, Francisco Borja Guerra de la Vega, marqués de la Hermida, fue naviero de mucha importancia en la navegación y comercio entre España y América, tomando parte en la Carrera de Indias con base en Cádiz. Grúas, almacenes, silos, diques y barcos contribuyen a crear el ambiente adecuado para un punto de actividad económica marítima importante, allí donde la bahía acaba por el Oeste.

La calle Castilla y la calle Marqués de la Hermida se han ido alargando a medida que los edificios de la industria iban siendo creados, cada vez más alejados de la ciudad. La población, mayoritariamente de clase trabajadora, conserva el orgullo de su origen. Cerca se encuentra el Barrio Pesquero, de elocuente resonancia, donde vd. puede acudir a degustar excelentes guisos de pescado y marisco. Además, siempre es muy recomendable asistir a la descarga del pescado de los barcos y a su subasta en la lonja. Un lujo exclusivo de puerto marinero, a dos pasos del centro urbano.

PEÑA CASTILLO

¿Qué Rey Mago ha olvidado un seis de enero
la giba del camello en el portillo
de la ciudad? ¿Adónde el pajecillo
y la silla en vaivén por el estero?
Peña o joroba, roe un hervidero
de gusanos tu entraña y tu rastrillo.
No te dejes minar, Peña Castillo,
que aún hay argoma y hierba en tu cantero.
Pies menudos de niña hacen alarde
de escalarte algún jueves por la tarde
o aquel bíblico día del eclipse.
Y cuando el sol por Mogro ya declina,
desde tu pico abárcase en elipse
la tristeza del mar, santanderina.

(Mi Santander, mi cuna, mi palabra. I. Mar. Gerardo Diego.)

Bikini

La recatada Santander de principios del siglo XX se vio obligada a convivir con las costumbres más modernas y liberales introducidas por los asistentes a los Cursos de Verano de la Universidad Internacional Menéndez Pelayo. Más bien, por las asistentes.

En sus ratos libres, las estudiantes acudían a la playa más cercana para darse un baño o tomar el sol. La Península de la Magdalena, el lugar donde se desarrollaban los cursos, dispone de un arenal suficientemente discreto y apartado de la ciudad donde podían broncearse y refrescarse luciendo la prenda que acostumbraban: el bikini.

Esta playa acabó por apoderarse del nombre y desde entonces es conocida con él: playa de Bikinis.

Las cosas han cambiado mucho. En la playa podrán ponerse, sin ningún tipo de problema, bañadores, bikinis, incluso podrán practicar el topless. En la foto contigua, los peinados, los vestidos y los veleros del fondo sirven para datar la fecha de su toma: los primeros años del siglo XX.

Casa-Palacio Botín y Hotel Real

Desde la playa se amontonan los taludes que sujetan el desnivel existente entre el agua de la bahía y las exclusivas calles de Reina Victoria y Pérez Galdós. Con excelentes vistas sobre la bahía se yerguen el *Hotel Real* y el palacete conocido con el nombre de *El Promontorio* o de *Pardo*.

El palacete fue diseñado por el arquitecto Javier González de Riancho y construido en los primeros años del siglo XX (1915-1918). Dicen que Emilio Botín Sanz de Sautuola López (1903-1993), presidente del Banco de Santander, se la compró por muy poco dinero a su propietario, Adolfo Pardo, un naviero arruinado tras la I Guerra Mundial. Fue residencia familiar de la familia Botín hasta el año 2006 y, actualmente, es sede principal de la Fundación Marcelino Botín.

Su estilo arquitectónico se denomina *Regionalista*, una interpretación moderna de las antiguas casas señoriales de Cantabria, con torre, balcones, terrazas y miradores. La torre, provista de vistosos elementos decorativos, es heredera nostálgica y elegante de las viejas torres medievales y renacentistas, construidas más que para ver, para ser vistas, símbolos del poder señorial sobre el territorio. Todavía perduran varias en los valles de Cantabria: Liébana, Polaciones, Castañeda, Santillana del Mar, Herrerías, etc.

Detrás de la torre del palacete, asoma la del Hotel Real. "Gran Dama Blanca, imponente y majestuosa arquitectura" son algunos de los nombres utilizados para referirse a este poderoso y elegante edificio. Su torre abandona la angulosidad prismática de las viejas torres tradicionales de Cantabria. La del Hotel Real es circular, blanca y tiene cierto aire afrancesado. Recuerda lejanamente los renacentistas castillos de fantasía del Loira (más bien, palacios) edificados por las casas reales de Blois y de Anjou (Chenonceau, Villandry, Azay-le-Rideau, etc.). En el Hotel Real pueden alojarse, comer o celebrar su boda. Su terraza de mármol blanco relumbra sobre los jardines, de estilo francés, claro. Las palmeras coloniales, otro símbolo de elegancia, mezclan ambos jardines, el de la Casa Palacio y el del Hotel. Incluso bajan hasta la playa.

Centro Botín

El prestigioso arquitecto genovés Renzo Piano lo diseñó con una concepción náutica: es un edificio para ver el agua y para ser visto desde ella. Desde la ciudad, los grandes árboles de los Jardines de Pereda apenas permiten su visión. Mejor, desde el agua.

Es un edificio pensado para la bahía, parece un bivalvo entreabierto, pegado al muelle y orientado hacia el agua. Pero una boya amarilla prohíbe a las embarcaciones aproximarse. Gracias a su sustentación sobre pilotes anclados al fondo de la bahía, el edificio vuela sobre el agua; también, sobre la tierra, se puede caminar bajo su vientre. Y también asistir a un concierto, a una conferencia, comprar, tomarse un café o comer.

Tachonado con piezas cerámicas, blancas y hemisféricas, su piel cambia de color y brillo según las condiciones meteorológicas del mar y del cielo. Quiere parecerse a un animal marino gigantesco agarrado al muelle. La localización es radicalmente céntrica; el interior, un museo; la terraza, un mirador a la ciudad y a la bahía. La visita es obligada.

Lleva el nombre de la conocida familia de banqueros que ideó su creación y sufragó su coste económico: la familia Botín, creadora del Banco de Santander, frente a cuya sede histórica se encuentra.

HOTEL BAHIA

Dique Gamazo

El dique fue construido en los últimos años del siglo XIX y principios del XX. Técnicamente se trata de un *dique seco de carena*, es decir, un varadero capaz de contener buques para llevar a cabo labores de mantenimiento y reparación. Una compuerta de hierro, semejante a la popa de un barco, cierra o abre el acceso del agua desde la bahía.

A su lado, se encuentra el pequeño edificio que albergaba las bombas encargadas de achicar el agua una vez introducida la embarcación en el dique, *La Caseta de Bombas* (esquina superior izquierda de la imagen). En su sótano pueden visitarse tanto las antiguas bombas como una pequeña exposición fotográfica acerca de sus servicios, incluida la presencia de un submarino alemán con la esvástica en sus amuras.

La sensibilidad de las autoridades, *Autoridad Portuaria y Ayuntamiento de Santander*, ha permitido conservar e integrar en el paisaje urbano estos dos elementos de carácter eminentemente portuario. La Caseta de Bombas es ya un afamado asador donde vd., aunque no sea turista, podrá degustar deliciosas verduras y pescados frescos; por su parte, el dique es un monumento en sí mismo. Sus escaleras, rampas, gradas y muros, todo bloques de piedra escuadrada, traen a nuestra mente los grabados del

veneciano Piranesi que en sus *Prisiones* (*Carceri d'invenzione*, 1745-1760) grabó complicadas estructuras arquitectónicas imaginarias formadas por escaleras, galerías y pasadizos.

Faro

El promontorio de Cabo Mayor fue elegido como emplazamiento óptimo para levantar una torre de señales destinadas a los barcos que arribaban al puerto de Santander o que seguían la navegación cerca de la costa. Una atalaya para avistarlos y donde prender un fuego que les sirviera de señalización fue la que proporcionó un nombre al paraje, *El Atalayón*. ¿O se debió al avistamiento de ballenas?

Con el paso de los años, la atalaya de humo y fuego da paso a una esbelta torre que eleva lámparas eléctricas que generan haces intermitentes de luz. En la actualidad, ya no es así. Su presencia se comunica mediante la emisión de señales acústicas y de radio.

La base de la torre fue la antigua casa de los fareros (también llamados *Torreros*) y, posteriormente, *Técnicos de Señales Marítimas*. En la actualidad, automatizados ya los faros y obsoletas las permanencias en ellos (pues funcionan por control remoto), gracias a la intervención de la *Autoridad Portuaria de Santander*, la base y los edificios anejos han sido reconvertidos en un encantador museo, el *Centro de Arte Faro de Cabo Mayor*. Allí se exhiben obras de diferentes artistas que eligieron el faro y el mar como motivo de su actuación. Hay que nombrar especialmente al pintor Eduardo Sanz (Santander, 1928; Madrid, 2013) que encontró aquí el espacio expositivo óptimo para sus lienzos de mar.

La visita a un faro tiene siempre un halo especial, sea por el paraje, sea por el recuerdo de la profesión de farero, más próxima a un ejercicio de ascetismo laico que a la labor rutinaria del técnico o funcionario.

Y esta expresión de la soledad sumada a la fascinación que produce la visita al lugar es lo que lo acerca irremediablemente al arte, el lugar espiritual adonde la mente acude cuando se ve desbordada..

"El Faro". *Mi Santander, mi cuna, mi palabra.II. Mar. Gerardo Diego.*

> Centinela, despierta,
> gira la luz del faro,
> reloj horizontal de luminosa aguja.
> Desde el Norte hasta el Norte, a la derecha,
> todos los rumbos del cuadrante.
> Y el haz de su destello,
> una detrás de otra,
> va iluminando todas las estelas,
> la del mercante rumbo al mar del Norte,
> la del patache lento,
> paciente caracol de cabotaje,
> y la del trasatlántico
> que navega hacia América.
> Y al dar la vuelta el faro las bendice. […]

La elegancia de la torre, las vistas que se alcanzan y la belleza que inspira no deben impedirnos traer a estas líneas los datos tristes. El paraje tiene un lado oscuro y perverso que nos lleva hasta la Guerra Civil española. En aquellos trágicos años, gente del bando adversario fue arrojada por el acantilado. Un monumento instalado en el lugar nos lo recuerda.

Grúa de Piedra

Sobre el muelle de Maura, la grúa ya no carga ni descarga los barcos. Ahora es un monumento erguido al pie del agua, sobre su pedestal de piedra con portezuela metálica. Constituye un recuerdo del antiguo uso portuario de los muelles de la ciudad, cerca de sus almacenes y consignatarias. Su aire inglés, como el de las casas del Paseo Pereda, se corrobora si leemos las chapas atornilladas en su base y en su pluma:

LOAD NOT TO EXCEED 30 TON AT 11 METRES RADIUS

Inglés también es su nombre genérico *machine* 'máquina' que se extendió al muelle sobre el que se situaba la grúa: Las Machinas. Metonimia. Así, en plural y en femenino, *machinas* es otra palabra para referirse a los muelles en la ciudad de Santander.

Los datos técnicos de la grúa son los siguientes: grúa de 30 toneladas, proyectada por Sheldon y Gertzden en 1896; su inauguración tuvo lugar en 1900; su base de piedra fue construida con sillares procedentes del antiguo muelle; primeramente era propulsada por un motor de vapor que posteriormente se sustituiría por otro eléctrico; estuvo en servicio hasta la década de los años noventa del siglo XX.

Pasa el tiempo. La actividad portuaria de Santander fue trasladada a Raos, en el interior de la bahía, alejada de la ciudad, con nuevas y poderosas grúas, parecidas a jirafas gigantes.

La vieja grúa de piedra, como un anciano chiquito y desorientado, perdió su sentido. Su ciclo vital llega a su fin.

Afortunadamente, la Autoridad Portuaria de Santander intervino. Decidió conservarla como pieza de la Red de Patrimonio Industrial y actualmente es motivo de deleite en los paseos junto al agua. Ahora nos damos cuenta de que era y es muy querida por el ciudadano, que no quiso que fuera desplazada cuando se llevó a cabo la construcción del poderoso Centro Botín. Su imagen se ha sumado al *merchandising* de Santander y la podemos ver grabada en tazas, platos, azulejos, cuadros, cojines…

Hotel Real

Fue inaugurado en el mes de Julio de 1917. Su nombre ya nos dice algo de su vocación, Real. El rey Alfonso XIII y su esposa Victoria Eugenia de Battenberg, nieta de la reina Victoria de Gran Bretaña, habían elegido la ciudad de Santander como centro para sus veraneos entre 1913 y 1930. La ciudad construyó para la familia real el elegante Palacio de la Magdalena, muy acorde con el gusto británico de la reina. Pero precisaban, además, de un hotel donde alojar a las numerosas personalidades que acudían a Santander atraídas por la presencia de los reyes.

Así surgió el Hotel Real, levantado en la calle Pérez Galdós, a medio camino entre el centro urbano de Santander y la Península de la Magdalena. Barrio de prestigio, la avenida Pérez Galdós alberga edificios de gama alta, que sólo pueden permitírselos ciudadanos acaudalados.

La calle lleva el nombre del autor de los *Episodios Nacionales*. La razón es que en ella don Benito se hizo construir una casa para pasar los veranos, *San Quintín* (nombre de uno de los capítulos de los Episodios). No es que Pérez Galdós buscara la proximidad al Cantábrico y a sus playas, o no exclusivamente. Su intención era establecerse cerca del Hotel Real y de las estancias veraniegas de los reyes, cuyo trato y favor siempre procuraba.

Jardines de Pereda

La ciudad creció hacia el Sur a costa de los sucesivos rellenos de la bahía. El terreno llano que pueda percibirse en la ciudad, no le quepa duda, está ganado al agua.

Así sucede con especial claridad en los Jardines de Pereda. Su creación tuvo lugar tras el relleno de la dársena ubicada a la salida de la antigua ría. Fue construida en los siglos renacentistas como expansión del antiguo puerto de época medieval ubicado a los pies de la catedral, entre ésta (la Puebla Vieja) y el barrio surgido en la otra orilla (la Puebla Nueva). En aquella época, la ría, llamada *boquerón*, había quedado colmatada por los sedimentos arrastrados. En aquellos siglos medievales, los muelles de la costa atlántica no se llamaban *muelles*, se llamaban *cais*.

La ciudad decidió rendir homenaje al escritor que quiso recrearla en su novela , José María de Pereda. Puso su nombre a los jardines y, a modo de tachuela, clavó una especie de montaña-pedestal alrededor de la cual se sitúan diversos personajes de sus novelas. Sentado en su cima, el escritor pensativo, pluma en mano, parece mirar lo lejos en busca de inspiración. En la parte inferior aparecen dos grupos de personajes pertenecientes a sendas novelas relacionadas con el puerto de Santander. El padre Apolinar instruye a los hijos de los marineros como buenamente puede;

estamos en la novela Sotileza. En el otro grupo, los hombres se despiden de sus familias. Es La Leva, una breve narración acerca de la dura vida de la gente de mar, obligada por ley a alistar a sus varones para las armadas del reino. En la parte superior, el criado Chisco conduce a su señor, recién llegado de Madrid, a la casona que ha heredado en el valle del Nansa, en Tudanca. Es la novela *Peñas Arriba*.

Juan de Herrera. La Compañía

El renombrado arquitecto del Renacimiento Juan de Herrera, aquél que durante el reinado de Felipe II diseñara el Monasterio de El Escorial, dejó una pequeña muestra de su arte en la ciudad de Santander: la iglesia de *La Anunciación* o de *La Compañía*. Tiene la consideración de *Bien de Interés Cultural* desde el año 1992 y de mejor ejemplo de arquitectura renacentista en Cantabria. Juan de Herrera es cántabro de nacimiento (1530, Roiz, Valdáliga). Además de los planos de El Escorial, participó profesionalmente en obras tan importantes como la Catedral de Nuestra Señora de la Anunciación de Valladolid, Palacio Real de Aranjuez o Archivo General de Indias (Sevilla).

En Santander, la iglesia de La Anunciación o de La Compañía porta un nombre doble que hace referencia a la Virgen de la Anunciación y también a la orden religiosa de los Jesuitas, la Compañía de Jesús. Ostenta una fachada singular, poco de religioso y mucho de bélico: armaduras, lanzas, banderas, escudos. Durante las procesiones de Semana Santa, acompañada por la orden de los Pasionistas, la Virgen de la Amargura se detiene, gira y saluda a la Virgen de la Anunciación. (v. imagen de página contigua).

El arquitecto presta su nombre a una de las calles principales del comercio santanderino, . Las escaleras de acceso a la iglesia desde la calle Juan de Herrera son el vestigio de la reordenación urbanística sufrida por Santander tras el devastador incendio del año 1941. También, remontándose siglos atrás, de la primitiva morfología portuaria de la villa, cuando era necesario descender las calles para acceder a la ría, a los muelles y a los barcos.

JOYA   TIGUA

Mareógrafo

Situado en la península de La Magdalena, el mareógrafo es un cubo de piedra instalado sobre un muelle junto a las escaleras de su embarcadero. Sirve para medir la profundidad y altitud de las mareas. Sus coordenadas son Lat 43° 28' N Lon 03° 48' W. Fue construido en los últimos años del siglo XIX y estuvo en funcionamiento hasta los primeros del XX, derrotado sin misericordia por las nuevas tecnologías.

Consiste en un pozo de 80 cm. de diámetro conectado directamente con el mar. Un humilde flotador y una tabla adosada al interior del pozo eran los sencillos instrumentos con los que se registraba la medida de las mareas.

Su nombre parece el de un invento viejo, semejante a *telégrafo, estilográfica* . Y, desde luego, viejo y obsoleto ha quedado ya hace tiempo, superado ampliamente por instrumentos más modernos y precisos. En la era de los satélites y los computadores, un flotador y una tabla no parecen tener muchas posibilidades de éxito dentro del mundo de la tecnología.

Mataleñas

El nombre de la playa se compone claramente de dos términos: *mata y leñas*. La primera es palabra antigua para la denominación del bosque, muy común en la toponimia de Cantabria (*Matamorosa*, *Mataporquera*, *Mata de Hoz* entre los nombres de los pueblos o en los numerosísimos ejemplos de la toponimia menor). La segunda, *leñas*, invita a construir un primitivo sintagma *mata de las leñas*. Habrá que pensar en un bosque a donde se iba a buscar la leña. Y, efectivamente, esa será la explicación si es que la requiere un topónimo tan transparente en su significado.

Otra cosa será identificar a qué bosque se refiere el nombre. En la imagen se aprecian con claridad unos prados, especialmente verdes y cuidados pues en ellos se ha establecido el campo de golf municipal. La tala del bosque previo proporcionó los terrenos que integran el Campo Municipal de Golf de Mataleñas, que ese es su nombre (no confundir con el de Pedreña y su famoso usuario, Severiano Ballesteros).

Cuenta la pequeña historia que el terreno situado junto al club de golf era conocido como *La Finca de los Pérez*, alusión a la familia propietaria. Antigua propiedad particular, actualmente es de titularidad púbica y el ciudadano puede pasear y disfrutar de un entorno boscoso con excelentes vistas, junto al mar y a las playas. También, aquí se encuentra el acceso a una pequeña cala, sólo disponible con marea baja, cuyo nombre delata la existencia de pequeños ingenios hidráulicos que aprovechaban la fuerza de la corriente de los arroyos: playa de *Los Molinucos*.

Al entrar en el parque, conviene detenerse en el edifico llamado *Chalet del Guarda*, obra del arquitecto Javier González de Riancho Gómez. Esta era la casa donde residía el guarda encargado de la vigilancia de la finca (v. imagen infra).

Y nos despedimos hablando de la marea. Viendo la posición de los barcos, anclados a la espera de su entrada a puerto, la marea todavía está bajando. El ancla, claro, está en proa.

Sí, están viendo bien. Aprovechando la marea baja, la arena mojada es el terreno idóneo para el establecimiento de un campo de fútbol. Existe una liguilla de arraigada tradición, después de descender los más de 150 peldaños.

MUSEO MARÍTIMO DEL CANTÁBRICO

Junto al agua, se yergue un edificio alargado revestido con cristal, cerámica blanca, acero corten, barandillas náuticas, con las letras MMC y un logo con forma de nao en su torre. Entremos, buen lector. En el vestíbulo nos recibirá un rorcual de 24 metros colgado del techo. Tranquilícense, sólo queda el esqueleto.

Estamos en el *Museo Marítimo del Cantábrico*. Biología Marina, Etnografía Pesquera, Historia Marítima y Tecnología Marítima son las cuatro secciones que lo componen y que deberá visitar, además de un restaurante en la terraza con las vistas sobre la bahía que el lector ya estará imaginando. Puede quedarse a comer. Tras haber recorrido los Acuarios, situados en la planta baja y distribuidos alrededor de un tanque central donde nadan una gran cantidad de criaturas marinas (tiburones, rayas, meros, lubinas, atunes, pulpos…), tras haberse ilustrado en las restantes secciones del museo, si vd. es un verdadero amante de la dieta pesquera y no tiene remordimientos de especie, comer sobre los acuarios disfrutando de las vistas sobre el agua tiene algo de regusto de la condición carnívora y superioridad evolutiva que caracterizan a los humanos.

En la foto contigua, el conocido Cioli, socorrista de vocación, panadero de profesión, ayuda a retirar un rorcual varado en las playas de la bahía. Sus huesos (los del cetáceo) serán depositados en el museo.

Okuda

Es el nombre artístico de Óscar San Miguel Erice (Santander, 1980). Pintor, escultor y diseñador, especializado en arte urbano y que, tomando las palabras de la wikipedia, «realiza obras de gran formato con figuras fragmentadas en formas geométricas y fuerte policromía».

Banksy español, genio del grafiti, arte urbano… Su obra suscita la polémica y provoca bien el rechazo bien la admiración. Ese es su propósito: no dejar indiferente al espectador.

Su radical originalidad queda patente en la decoración de esta lancha. La embarcación (un catamarán) es en sí una propuesta innovadora y no sólo en su decoración. Está propulsada por un motor eléctrico que se abastece con la energía solar captada por los paneles que cubren su techo. Emisiones cero.

Ofrece paseos por la bahía de Santander. No es el diseño náutico, no es el ruido de motor, ambos inexistentes, sino la originalidad de su decoración y colorido lo que atrae de modo irresistible la atención del paseante de los muelles. La lancha se ha convertido en una atracción más del turismo santanderino.

Embarquen y disfruten de una travesía silenciosa. Serán el centro de las miradas de los paseantes de los muelles. Si lo desean, pueden vestirse de modo abigarrado o extravagante, así encajarán en el estilo propuesto por el maestro. (Imagen inferior, otro trabajo de Okuda, esta vez sobre el faro de Ajo).

alsa
Cero
www.metrotpensoul.com
2ª ST-4-1-21

Palacete del Embarcadero

En el muelle llamado de *Maura* se localizan los embarcaderos para las lanchas que cruzan la bahía y, junto a ellos, el pequeño edificio que se hace llamar pomposamente *Palacete* (aunque, en la lengua de baja estofa, era conocido como *Mezquita de Benimea*, o sea, de *ven y mea*).

El edificio se construyó para los embarques de la familia real, cuando la ciudad era destino vacacional del veraneo de los borbones. Son los últimos años del siglo XIX y primeros del siglo XX. Su arquitecto fue el mismo que diseñó otros edificios emblemáticos de la ciudad, José Enrique Marrero Regalado.

Dependiente de la Autoridad Portuaria, el Palacete actualmente tiene una función museística y se destina a albergar exposiciones temporales, ahora que los borbones ya no embarcan en Santander.

Embarcadero contiguo al palacete. Oficina de billetes para lanchas y cafetería

La lancha de la compañía "Los Reginas" a su llegada al embarcadero de Somo, al otro lado de la bahía

Palacio de Festivales

Un festival de colores. El Palacio está revestido con placas de mármol rosa veteado que alternan con hileras blancas (quieren recordar a la catedral de Siena), atrio y paneles de cobre envejecido, columnas rojo china, capiteles azul celeste.

Pretende parecer en su forma una draga gigantesca sobre la bahía, con sus cuatro torres de 50 m. en las cuatro esquinas. Y, sí, junto a la bahía está, deslizándose entre los *San Martín*, el nuevo (el de arriba) y el de Bajamar, junto al agua. Este desnivel da ya la forma para el graderío de la sala, que tan empinado queda que algo de vértigo produce al espectador que busca su butaca. Pero su arquitecto, el navarro Sáenz de Oiza, no se conformó con una sala de espectáculos. El Palacio de Festivales alberga tres, cuyos nombres son homenajes a figuras ilustres de la cultura local: el director de orquesta Ataúlfo Argenta, el novelista José María de Pereda y la pintora María Blanchard. La figura gigante de un flautista adorna el techo de la sala Pereda a la manera de un plato de cerámica griega, obra del dibujante santanderino José Ramón Sánchez. El espectador siente que está en el interior de un sagrado templo del espectáculo, ideado por la antigua cultura griega y transmitido hasta nuestros días.

La vista más hermosa de tan singular edificio se obtiene desde la bahía. Los cisnes son bailarinas con tutú que han salido a dar un paseo en un descanso de los ensayos, charlando despreocupadamente mientras esperan el comienzo de la función. Los reflejos de colores se extienden por el agua. El arenal del puntal, con su embarcadero de madera pintado con los colores de las boyas (verde para entrar a puerto, rojo para salir), se va apagando cansado y somnoliento. Descansará toda la noche y, al día siguiente, desde primera hora, recibirá a bañistas y paseantes.

Páramos o Sables

Con marea baja, afloran en la bahía las grandes masas de arena que el agua ha ocultado durante la marea alta. El que quiera navegar por sus aguas deberá tener muy en cuenta dónde se encuentran estos bajíos si no quiere que su embarcación quede atrapada y se vea obligado a esperar la subida del agua.

Dependiendo de la luna, el coeficiente de la marea variará. En los períodos equinocciales, máximas cotas de marea, se podrá caminar por los páramos o sables y recolectar las criaturas marinas que serán tesoros gastronómicos: navajas, chirlas, birigüetos, almejas, cámbaros…

Unas buenas botas de agua, guantes de goma, gorra, bolsas y rascadores son elementos necesarios para cualquier persona que tenga por oficio la extracción de los bivalvos, cangrejos y demás habitantes de la marisma. Sin olvidarse de la tabla de mareas del año, para subirse al bote a tiempo y no verse sorprendido por el regreso del agua.

Al fondo, se distinguen unas garcetas realizando una operación similar, eso sí, sin mayor equipación que la de sus afilados picos y estilizadas patas. Como no disponen de bolsas, consumen sus capturas en el momento. Tampoco beben el vino blanco con el que los humanos acompañamos tan suculentos manjares sentados en alguna taberna al pie del agua.

Paseo de Pereda

Quizá sea la vía urbana más conocida de Santander. Su nombre es el homenaje del callejero de la ciudad al escritor que la retrató en su novela Sotileza, el cántabro José María de Pereda. Anteriormente, esta calle no era paseo sino muelle porque el agua y lo barcos llegaban hasta la misma puerta de sus almacenes y consignatarias, las casas del Paseo de Pereda. La uniformidad de los edificios que se alinean en el paseo es el vestigio urbano claro que delata el origen portuario de la ciudad. Su elegancia británica contrasta con los edificios más modernos que ascienden tras ellos las empinadas cuestas de la ciudad.

Recorriendo el paseo, pueden distinguirse dos fases. La primera, la más occidental, arranca de la plaza que oficialmente se conoce como *Plaza de Pedro Velarde* (aunque todos los vecinos la llaman *Plaza Porticada*) y llega hasta su cruce con la calle que, de nuevo los vecinos castizos, llaman del Martillo en alusión al remate del desaparecido dique cuya dirección sigue, calle fácilmente reconocible por el arco que une dos edificios del paseo y constituyen la sede central del Banco Santander (esquina izquierda de imagen superior). Oficialmente su nombre es *Sanz de Sautuola*. Naturalista, historiador y padre de María Justina Sanz de Sautuola y Escalante (1870-1946), aquella niña que a la edad de ocho años entró con su padre en la entonces desconocida cueva de Altamira y al ver los bisontes en su techo gritó "¡Mira, papá!, ¡bueyes pintados!" Con el tiempo, esta niña sería la abuela de Emilio Botín, presidente del Banco Santander.

Playa del Camello

Es una conocida playa urbana de Santander, situada en una pequeña ensenada junto a la península de La Magdalena. Recibe su nombre de la forma de una roca que emerge del agua cerca de sus arenas. La pueden ver al fondo, en el agua. El caso es que hay un error grueso. No es un camello (tendría dos jorobas), es un dromedario. De modo que tenía que haberse llamado *playa del Dromedario*. Según esté la marea, el dromedario o se está dando un baño o es escultura tallada sobre un pedestal colocado en la arena junto al agua.

Sobre la peña de la playa se ha instalado la escultura titulada *Neptuno Niño* y, en alguna ocasión festiva, la playa, la roca y el agua han sido escenario de un espectáculo de fuegos artificiales y música en directo.

El poeta de Santander Gerardo Diego le compuso el siguiente poema:

La peña del camello

A Jesús Corona

> El ciego azar del mar martilleando,
> cincelando, besando la pasiva
> dureza de la roca fue logrando
> una escultura viva y transitiva.
>
> Y la roca que al arpa jamás cede
> no resistió el clarín; «Tú serás forma,
> tú serás orden, vida». Tanto puede
> a bruja tentaciòn hacia la norma.
>
> Sí, roca balbuciente, escollo blando,
> tú serás vida, tú eres vida ansiosa,

> tú estás ahí creando, estimulando
> la ingenuidad del hombre y de la rosa.
>
> Estás ahí, a la vuelta del camino
> —mírale ¿no le ves? mira el camello—
> para enseñar la burla del destino
> y del reflujo, con el agua al cuello.
>
> A bajamar tallado sobre un plinto
> cincelando, besando la pasiva
> dureza de la roca fue logrando
> una escultura viva y transitiva
> hundido en pleamar, tú nos enseñas
> la inconstancia y nivel del laberinto
> de las espumas tejen en las peñas.
>
> Rudo camello, bestia sin lisonja,
> remedo tosco de las zoografías,
> con tu rugosa calidad de esponja,
> quieto en la caravana de los días.
>
> Estás ahí, gozando de un milagro.
> Naciste, vives, morirás, oh flor
> de azar. Camello, dromedario, onagro,
> regresarás al caos. ¡Nevermore!

Prácticos del Puerto

En la imagen, la caseta de los Prácticos aparece abajo, en la esquina derecha, chiquita, junto al embarcadero. Ha quedado anticuada, como fuera de escala y de estilo. Los nuevos y fastuosos edificios construidos a su lado (Escuela de Náutica, Palacio de Festivales, C.A.R. Príncipe Felipe, Duna de Zaera) empequeñecen el modesto edificio donde los capitanes y marineros encargados del servicio de la lancha hacen las guardias y esperas.

Cuando un barco de determinadas dimensiones arriba al puerto de Santander, debe solicitar obligatoriamente su servicio. El operativo se activa tras el aviso por radio. Identificada con una P en sus amuras y el rótulo PRÁCTICOS SANTANDER en la cabina, la lancha zarpa con prisa y se abarloa al buque que llega. El capitán de los prácticos asciende la escalera montada en proa, se introduce en el buque por una portezuela situada en la parte inferior del casco, sube al puente de mando y asume el control de las operaciones de entrada al puerto. Acabado el servicio, el capitán devuelve el mando al capitán y la lancha regresa con igual premura a su base. Misión cumplida.

El chaleco salvavidas forma parte indispensable de su uniforme y los flotadores, salvavidas también, están dispuestos en las baran-dillas de popa. Todos son naranja, el color del rescate. Sin duda, aunque cotidiana, se trata de una operación de riesgo.

Quiosco de Los Jardines de Pereda

Ensoñación. No, no es un platillo, es una gasolinera. Ensoñación. No, tampoco, te equivocas. Ahora es una cafetería. A ver... Todo sucede junto a la bahía, en los Jardines de Pereda.

Los jardines no lo eran, al menos en esa parte tocante a la bahía. Por aquí discurría la carretera de salida o entrada al centro de la ciudad, hablamos del siglo XX. Anteriormente, unas vías de ferrocarril permitían el acceso de vagones de mercancía para cargar y descargar los barcos, sustitutos de los carros tirados por bueyes. Y, siglos atrás, era dársena, sólo agua y barcos, porque entonces el muelle era lo que ahora se llama Paseo de Pereda, al que todavía los santanderinos viejos llaman así, El Muelle.

Comienza el siglo XXI, las cosas van a cambiar. Al prestigioso arquitecto genovés Renzo Piano se le confió la construcción del Centro Botín y la ciudad aprovechó para realizar algunas mejoras en su urbanismo. Un túnel sumergió el tráfico y los Jardines de Pereda, delicias de niños y niñeras, pudieron estirarse hasta los muelles. Ya no tenía sentido mantener la gasolinera pero una idea evitó su demolición: fue reconvertida en cafetería. Mangueras y surtidores fueron sustituidos por bandejas, café, refrescos y tostadas. Ahora el borde marítimo de la ciudad pertenece al peatón, que puede pasear junto al agua de la bahía y sentarse a tomar un café. Brillante.

Raqueros

En Santander, la voz *raquero* es un insulto. Su significado, según explica el diccionario, es 'quinqui, barriobajero, mal hablado' y su origen hay que buscarlo en los muelles, adonde acudían niños de baja condición social a la búsqueda de algún dinero. El sistema para obtenerlo era sumamente original: los niños pedían a la gente que arrojaran alguna moneda al agua; ellos se zambullían, la recuperaban del fondo y se la quedaban. Esto entretenía a los paseantes de los muelles, una especie de limosna-espectáculo (v. imagen dcha., foto antigua).

La voz *raquero* es un derivado de *raque* (procedente quizás del germánico **rakan* 'recoger con rastrillo'; cf. neerlandés *raken*, inglés to *rake*, bajo alemán *raken*, islandés *raka*.), que el DRAE define como "acto de recoger los objetos perdidos en las costas por algún naufragio o echazón" y añade las expresiones andar o ir al raque.

Tiene la consideración de palabra propia de Santander y Cantabria. Por esta razón, en la exaltación de lo autóctono y peculiar, se han fundido en bronce las esculturas de los niños y se han colocado en el mismo muelle donde fueron fotografiados. Las imágenes antiguas han servido de modelo y el artista escultor se llama José Cobo Calderón.

REAL CLUB MARÍTIMO

El edificio actual fue construido tras el incendio y saqueo sufrido por su predecesor en 1932, resultado del agrio ambiente social de aquellos años. El estilo del nuevo edificio se denomina *estructuralista*. Con estética naval, quiere asemejarse a un buque atracado al muelle al que está unido por una pasarela. Vd. podrá llegar bien por vía terrestre (cruzando la pasarela, como si embarcara) bien por vía marítima (abarloando la lancha a sus escalinatas). Pero, atención, para acceder al edificio, para disfrutar de sus salones, terrazas, cafetería y restaurante, es necesario hacerse socio. O tener un amigo que lo sea.

Con marea alta, el edificio parece flotar como si fuera un barco atracado al muelle; la marea baja descubre su verdadera naturaleza al dejar a la vista la estructura de anclaje al fondo, repleta de mejillones y ostras adheridos a sus columnas.

REAL. REY Y REINA

En Santander: un palacio, un embarcadero, un paseo y un hotel. Todos son reales.

El Real Palacio de la Magdalena fue el regalo que la ciudad de Santander hizo a los reyes Alfonso XIII y Victoria Eugenia para incentivar los veraneos de los monarcas en la ciudad. Construido en la Península de la Magdalena entre 1908 y 1912, (con planos de los arquitectos Gonzalo Bringas y Javier González de Riancho) fue la residencia de verano de la familia real entre 1913 y 1930. El edificio se construyó en estilo inglés, delicias de una reina originaria de la isla de Wight, al sur de Gran Bretaña. En 1977, Península y Palacio fueron adquiridos por el Ayuntamiento de la ciudad y dedicados al disfrute ciudadano (campas, pinar, acantilados, vistas, playas, tren turístico, piscinas para focas, osos polares, pingüinos). Actualmente el Palacio es la sede de los cursos de la Universidad Internacional Menéndez y Pelayo así como escenario magnífico para celebraciones especiales (bodas, congresos).

También existe un pequeño embarcadero que se llama Real, construido para permitir el acceso también por mar a los dueños reales del palacio. Reales de la realeza, claro. A su lado, una pequeña construcción singular, con forma cúbica. Parece un depósito de agua pero, no, se trata de un mareógrafo, una construcción en piedra levantada en 1874 para medir el nivel medio del mar mediante un pozo de 80 cm de diámetro que baja hasta el agua, a unos siete metros.

Y, si el desplazamiento de los reyes era por tierra, también se arbitraron facilidades digamos terrestres. El Ayuntamiento de Santander acordó la construcción del Paseo de la Reina Victoria, un desmonte de la ladera que sigue la línea de costa y procura el trayecto entre el centro urbano de Santander y la península de la Magdalena sin perder las magníficas vistas de la bahía, los arenales y las montañas. Cuentan las crónicas de la ciudad que el novelista don Benito Pérez Galdós, gran aficionado a los veraneos santanderinos y a la compañía selecta formada en torno a la familia real, se asomaba cada verano al paso de la comitiva para saludar a su amiga la reina desde el chalet (San Quintín) que se hizo construir en el paseo que más tarde llevaría su nombre, Paseo de Pérez Galdós.

En fin, Real es el Hotel (*vide* s.v.) construido cerca de las playas, parte de la tríada de edificios emblemáticos levantados a principios del siglo XX en el entorno de El Sardinero: (Gran Casino, Hipódromo de Bellavista, Hotel Real).

La Patrulla Águila, el grupo de vuelo acrobático del Ejército del Aire y del Espacio español (siete aviones CASA C-101 de fabricación española), sobrevuela la bahía de Santander formando con sus estelas de colores la bandera de España. En la imagen, aparecen bajo ellos el Palacio de la Magdalena y el Embarcadero del Rey.

Reina Victoria

A media ladera, paralela a la línea de costa y sin perder en ningún momento las excelentes vistas sobre la bahía de Santander y las montañas, la avenida Reina Victoria pone en comunicación directa el centro de la ciudad con la península de La Magdalena y las playas del Sardinero.

Su nombre hace referencia a una usuaria ilustre, Victoria Eugenia de Battenberg, esposa del rey Alfonso XII. Durante sus estancias veraniegas en Santander, los monarcas gustaban de alojarse en el *Palacio de la Magdalena*, regalo de la ciudad a los reyes, cuyo acceso podía ser por mar o por tierra. En el primer caso, los reyes contaban con un palacete junto al embarcadero construido en el centro de la ciudad y otro pequeño muelle en la misma Península de la Magdalena, *El Embarcadero Real*. Para la opción terrestre (muy recomendable en caso de viento sur), se abrió una vía que discurría paralela a la costa, desde San Martín hasta La Magdalena, posteriormente prolongada hasta El Sardinero. Cuentan las crónicas de la época que el novelista Pérez Galdós se hizo construir una casa (San Quintín) sobre la avenida para, desde allí, saludar a la reina al paso de su comitiva por la avenida camino del Palacio de la Magdalena. En nuestros días, tener el domicilio en la *Avenida Reina Victoria* conlleva cierto halo de exclusividad y buena posición social. Existe una acumulación de edificios de categoría especial, algunos tan renombrados como el *Hotel Real* o el palacete *El Promontorio* (actualmente *Fundación Emilio Botín*, perteneciente a la familia Botín, fundadora del Banco de Santander). Este edificio fue construido entre 1915 y 1918 según planos del arquitecto Javier González de Riancho que lo diseñó siguiendo el estilo llamado *regionalista montañés*. A su vez, el nombre del célebre novelista canario fue elegido para denominar la calle que desciende desde el Alto de Miranda hasta El Sardinero, *Paseo de Pérez Galdós*, desde donde se accede a los edificios nombrados, también a su casa, llamada *San Quintín*. Igualmente, el nombre del arquitecto del palacete *El Promontorio* tiene su pequeño homenaje en el callejero santanderino, *calle Arquitecto Javier González de Riancho*, una breve cuesta que pone en comunicación ambas avenidas, la de Pérez Galdós y la de Reina Victoria. En fin, ya a nivel del agua, se encuentra junto al muelle el edificio del *Museo marítimo del Cantábrico* (MMC) flanqueado por la *Escuela Náutico Pesquera de Santander* y el *Centro Oceanográfico de Santander*. Gerardo Diego, ya de bronce, contempla su bahía natal.

En medio de la bahía, aparece el extremo de la bien llamada *playa del Puntal* que alarga su brazo de arena hacia los muelles santanderinos.

«Cristal feliz de mi niñez huraña
Mi clásica y romántica bahía…
La muerta a ti me una
Agua en tu agua, arena».

Cruza un pesquero, cruza la lancha (su casco pintado de rojo) que conecta con servicio regular el centro de la ciudad con el pueblo de Somo. Llena de turistas en verano; en invierno, de trabajadores, estudiantes o vecinos que prefieren vivir al otro lado de la bahía.

Rodolfo Rodríguez Eguía

Hay una calle con su nombre, pero no sé dónde está. De lo que sí estoy seguro es de que Rodolfo (1927-1995) enseñó a nadar a varias generaciones de niños en la playa de La Magdalena. Gratuitamente. Sí, han leído bien.

El que escribe estas líneas tiene el honor de haber recibido sus clases cuando era un niño, y de no muy buena salud. Te ponía *a dar piernas* en la orilla, el cuerpo extendido sobre la arena y las piernas en el agua. «¡no dobléis, la pierna recta!» Te enseñaba a respirar, se coge el aire por la boca, se expulsa dentro del agua por la nariz. Luego te sujetaba por las piernas y tenías que bracear. Al segundo día te llevaba en brazos por el embarcadero y te lanzaba al agua. Ya está.

Obrero de la industria del cable, profesor de Educación Física en el colegio Deogracias, entrenaba en su tiempo libre. Su *currículum* deportivo está lleno de logros extraordinarios: travesía a nado entre Laredo y Santander; travesía del Mar de la Plata; estrecho de Gibraltar; canal de la Mancha; Capri-Nápoles. Nadie le patrocinó. A su muerte, la ciudad de Santander bautizó una calle con su nombre; también creó una competición deportiva de natación que lleva su nombre en la bahía.

Siendo yo un niño de 12 años, con el apoyo desde una barca a remos de su compañero Cioli (panadero de profesión, socorrista de afición) me llevó nadando desde la playa de La Magdalena hasta los arenales de Somo y de El Puntal. Y vuelta. O sea, cruzamos y recruzamos la Canal de la Bahía aprovechando la ausencia de tráfico marítimo. Un dato familiar no pequeño: Rodolfo era mi tío abuelo materno. Otro dato, muy triste: sus últimos años los pasó paralizado en la cama, cuidado por Laura, su mujer.

San Martín

Barrio situado entre los de Puertochico y Reina Victoria. Sus primeras menciones citan la existencia de una batería de cañones que vigilaba el acceso marítimo a la bahía. Su nombre de santidad, un hagiónimo, recuerda que existió una ermita bajo la advocación de San Martín. Los grabados antiguos de la ciudad la representan con claridad: una ermita sobre un promontorio en la bocana de la bahía.

Posteriormente hubo dos San Martín: uno, en lo alto del promontorio (la parada de autobús actual); el otro, a su pie, junto al agua, por eso lo llamaban San Martín de Bajamar. En la actualidad, para pasar de uno a otro hay que atravesar la cuesta que los santanderinos viejos llaman del Gas porque hubo una fábrica, aunque ahora la cuesta se llama oficialmente Castelar. En nuestros días, en vez de la fábrica se halla la Escuela Técnica superior de Náutica, con planetario en su costado oeste y, pegado a ella, hacia el Este, un lujoso edificio para espectáculos, el Palacio de Festivales. Aquélla tiene junto a su entrada un mástil de señales marítimas y éste, con sus cuatro llamativas torres (imagen de la página contigua), quiere emular a la draga que limpia de arena el fondo de la canal de la bahía para garantizar el acceso al puerto.

Aquí se suceden edificios, plazas y paseos relacionados con el mar de una u otra manera: Centro Especializado de Alto Rendimiento (escuela de vela), Dique de Gamazo, Caseta de Bombas, Escuela Náutico Pesquera, Museo Marítimo del Cantábrico, Centro Oceanográfico de Santander.

Santander según el grabado de Braun, siglo XVI. Ermita de San Martín, el primer edificio, abajo, a la izquierda.

Siboney

Los siboney fueron uno de los pueblos con el que se encontraron los navegantes españoles a principios del siglo XVI en las islas de Cuba y La Española. El historiador De las Casas los llama taínos-siboney y tienen la consideración de ser el pueblo más antiguo de Cuba. En la actualidad, a 20 km. de Santiago de Cuba, existe una localidad de apenas treinta casas denominada así, Siboney.

El nombre del pueblo indígena del Caribe tuvo gran éxito onomástico en los primeros años del siglo XX. Primeramente, pasó a denominar el buque que realizaba la travesía regular entre los puertos de Santander y la isla de Cuba; también fue, en 1929, el nombre de una canción de Ernesto Lecuona, el de una película mexicano-cubana del año 1938… En fin, en la actualidad ya nadie se acuerda de la canción, de la película ni del barco pero Siboney en Santander es el nombre de un edificio majestuoso. ¿Cómo llegó el nombre a la ciudad?

Llegó en barco, en el Siboney, un transatlántico estadounidense que cubría la ruta entre los puertos de Santander y Santiago de Cuba, de trágica historia. En 1920, con 300 pasajeros a bordo, encalló en la ría de Vigo, frente a la gallega Cangas, costa de O Morrazo, en punta Borneira, cerca del faro. No pudo ser reflotado hasta 20 días después.

Su cuaderno de bitácora registra el transporte de tropas para el ejército estadounidense, el de inmigrantes hacia Cuba y un accidente en la navegación. Efectivamente, tras zarpar del puerto de Santander, una maniobra errónea en la ría de Vigo causó su varamiento. Permaneció atrapado tres semanas. Posteriormente (30 Septiembre de 1918), fue reflotado y remolcado hasta la base naval de Ríos, en Teis, (Vigo) donde se encuentran las instalaciones de la antigua ETEA (Escola de Transmisións e Electrónica da Armada). La compañía propietaria, la WardLine, decidió que fuera reparado en el puerto inglés de Newcastle, hasta donde lo llevó un remolcador británico. Después de la contienda bélica fue utilizado como nave comercial y de pasajeros entre Cuba, España y México, con el puerto de Santander como base principal –además de los de Bilbao, A Coruña y Vigo–, finalizando esta ruta en 1921 debido a la caída de los pasajes. Tras la apertura de una nueva línea con Nueva York, Cuba y México, su final llegó tras la II Guerra Mundial, durante la que había sido buque hospital y de transporte de tropas en la repatriación de soldados. Permanecerá amarrado durante nueve años y será vendido para desguace.

Viento Sur

El viento sur tiene un significado especial en Santander. Y no muy bueno. El aire, que se ha secado al atravesar Castilla, desciende caliente y desbocado desde las montañas y se lanza furioso sobre la bahía y la ciudad. El agua parece entrar en ebullición y salta sobre los muelles. Cuando cese, lloverá. La razón hay que buscarla en el cambio de presión. Los científicos de la meteorología lo llaman *efecto Foehn*.

La ciudad guarda un triste recuerdo de este viento: el terrible incendio sufrido el 15 de Febrero de 1941. Las llamas, avivadas por el viento, devoraron gran parte del casco antiguo, alcanzando incluso a la catedral.

Soseguémonos. El punto alegre pueden encontrarlo en las lanchas que cruzan la bahía con destino a Pedreña y Somo. No hará falta acudir a unas atracciones de ferias. Los vaivenes de la embarcación unidos al temor de verse naufragados en medio de la bahía harán las delicias de la gente sin miedo y el terror de las miedosas.

En Santander existe la expresión peyorativa "estar de Sur", una especie de insulto local con el que se hace referencia al mal día que atraviesa alguien.